AF357021

CONSERVATION
DU MOÛT

SOUSTRAIT

A LA FERMENTATION SPIRITUEUSE,

OU

MOYENS de soustraire, dans les années abondantes
en vin, le Moût à la fermentation spiritueuse, pour
ne la reproduire qu'à des époques plus éloignées;

Par CADET-DE-VAUX,

Membre de diverses Académies impériales, royales,
Sociétés savantes nationales et étrangères, etc.

OENOLOGIE.

Ubi desinit natura, ibi incipit ars.

PARIS,

Chez L. COLAS, Imprimeur-libraire
De la Société pour l'Enseignement élémentaire,
RUE DAUPHINE, N°. 32.

1819.

IMPRIMERIE DE FAIN,

RUE RACINE, PLACE DE L'ODÉON.

HOMMAGE

DU DISCIPLE

AU MAITRE.

CADET-DE-VAUX

A CHAPTAL.

Ce 1er. septembre 1819.

FIN DE LA TABLE

CONSERVATION
DU MOÛT

SOUSTRAIT

A LA FERMENTATION SPIRITUEUSE.

PRÉAMBULE.

L'ABONDANCE du vin deviendra, cette année-ci, une véritable calamité pour le vigneron, dont les celliers regorgent du vin de la dernière récolte.

Heureux si, surtout dans les petits vignobles, on trouve, à deux sous la pinte, le débit d'un vin dont, deux ou trois mauvaises années venant à se succéder, le prix serait quadruplé ou sextuplé, en le conservant!

Mais les vins de petits vignobles sont-ils susceptibles de se conserver? Non; d'ailleurs, le fussent-ils, le prix actuel

des fûts , le coulage, le houillage, l'entretien des cerceaux, et parfois le bris
des tonneaux, s'opposeraient à cette
conservation d'un vin fait.

Mais soustraire le moût à sa vinification et le laisser dans son premier état,
est un moyen de le conserver, et de lui
faire franchir une ou plusieurs années,
pour, alors, rendre à ses élémens en-
chaînés la liberté de reproduire la fermentation spiritueuse ; c'est même le
seul moyen de se venger d'une ruineuse
abondance.

Aussi ce moyen va-t-il devenir un
noúveau bienfait dont l'œnologie sera
redevable à la chimie ; science qui a si
heureusement concouru au perfection-
nement de cet art : et il ne date que
de l'époque actuelle! en effet, c'est l'ou-
vrage de Chaptal, ce sont ceux que j'ai
successivement publiés, sous son minis-
tère, enfin les expériences auxquelles je
me suis livré, à l'aide de ce guide, qui
ont ultérieurement fixé les procédés de
vinification.

De ce nombre est la désacidification du moût, que j'ai indiquée comme moyen de convertir les vins médiocres en qualités supérieures; ce qui est devenu le complément de l'art œnologique, et va devenir l'un des moyens qui font l'objet de ce traité.

Toutefois ne nous dissimulons pas que, pour le moment actuel, le vigneron n'adoptera pas ces moyens conservateurs, qui, par la suite, feront sa richesse; mais l'instruction et l'exemple des propriétaires, beaucoup plus éclairés que ne l'étaient les propriétaires d'autrefois, auront bientôt vaincu cette force de l'habitude et des préjugés; en sorte que ces procédés finiront par devenir populaires. En effet, beaucoup de vérités pénètrent aujourd'hui sous le toit de l'habitant des campagnes; il ne tardera même pas à extraire de la betterave le sucre auquel il s'est familiarisé. Ce ne sera bientôt plus qu'une opération de l'économie domestique, à laquelle suffira la ménagère.

La France même n'en consommera pas d'autre, du moment où l'autorité répondra à la voix de la science, dont Chaptal s'est rendu l'organe ; or, cette voix a prononcé l'affranchissement du tribut des quarante-cinq millions que nous payons à l'étranger, pour le sucre dont il nous approvisionne.

Mais c'est de vin qu'il s'agit ; et peut-être n'est-ce pas s'être trop écarté de son sujet, puisque, le sucre contribuant à la bonification du vin, l'œnologie le prescrira d'autant plus qu'il cesserait d'être un produit exotique, et dès lors il n'existerait point de mauvais vins ; plus généreux, ils seraient aussi plus conservables et surtout plus salutaires ; car ces petits vins acerbes, qu'on falsifie pour les rendre potables, préjudicient à la santé.

MOYENS D'EXÉCUTION.

La description de la chose la plus simple est nécessairement très-compliquée. Qui ne fera pas à l'instant *une rosette de ruban*, en la voyant se former sur les doigts? et combien de gens n'y parviendraient pas d'après la description la plus exacte? Il n'en sera pas ainsi de la description de nos procédés, vu leur simplicité.

Toutefois, avant de passer à l'exécution, faisons connaître le résultat. C'est la concentration du moût, pour lui restituer, à des époques plus ou moins éloignées, la quantité de liquide qu'on en aura soustrait au moyen de l'évaporation.

Mais occupons-nous de divers accessoires préalables à cette concentration; savoir : la désacidification du moût, sa concentration et sa *sulfuration* (action de soufrer).

Désacidification du moût.

Le moût contient deux acides libres :

L'un est l'*acide tartareux*, ou *tartre;* c'est le sel essentiel du vin, que le temps dépose sur la paroi des douves et successivement dans les bouteilles.

Laissons-y subsister cet acide, qui finit par s'en séparer.

L'autre est *l'acide malique*.

La présence de ce dernier, qui constamment surabonde dans les raisins de petits vignobles, et surtout si leur maturité est incomplète, devient très-dommageable au vin, et détériore ceux de la meilleure qualité. Le temps, il est vrai, finit par l'user; mais les vins du Rhin attestent que c'est bien tardivement.

Or, la terre calcaire, la craie enchaîne en un instant cet acide si perfide, et le précipite du liquide sous forme d'un sel insoluble (le malate calcaire). Acide et craie ont disparu du moût; ainsi désacidifié, ce ne sera plus le même vin; il est amélioré dans une proportion incalculable, et surtout promptement potable. Cette désacidification d'un instant l'a déjà vieilli de deux ou trois années.

Cet acide est un levain de fermentation; en sorte qu'absorbé par la craie, notre moût, à conserver, sera plus conservable. Que de propositions simples et faciles à saisir! la science a cessé d'être énigmatique.

Proportion de la craie.

La proportion de craie est relative à la qualité du moût ; car l'espèce de cépage, le sol, le climat, l'année, et surtout le plus ou moins de maturité, y apportent des différences notables.

Le verjus, si acide, cesse de l'être du moment où il atteint une maturité complète. Tel est l'effet de la chaleur, qui, modifiant cet acide et le combinant avec les autres principes, le métamorphose en matière sucrée, dont cet acide malique est un des élémens.

D'après cela, ce ne peut plus être une proportion de craie déterminée, mais le tâtonnement qui va la fixer. Procédons-y donc par cette voie :

La veille de la vendange, prenons une pinte de moût récemment exprimé.

Pesons deux gros de craie : saupoudrons-la peu à peu dans le moût ; il se fait à chaque fois une effervescence ; quand, par une nouvelle addition, elle cesse d'avoir lieu, la totalité du moût est désacidifiée, c'est-à-dire, les acides tartareux et malique en sont séparés.

Mais nous ne voulons qu'une demi-désacidification, celle de cet acide malique dont la présence est si fâcheuse. Or, c'est le premier qui se présente à l'action de la craie, et dont elle s'empare, pour se précipiter avec lui, et tous deux disparaître du liquide.

Supposons donc que l'acide malique entre pour moitié avec l'acide tartareux; alors pesons ce qui reste de la terre calcaire non employée.

Si la pinte de moût absorbe les deux gros, réduisons à un seul gros, par pinte, la quantité de craie destinée à saturer l'acide malique de la totalité du moût; ce qui fait à peu près deux livres et demie de craie par pièce de moût de 240 pintes.

Ne nous astreignons pas à la rigoureuse précision qu'exigerait l'analyse chimique, quand la nature en met si peu dans la composition des élémens de son vin, qu'elle fait de toutes pièces.

Voilà ce qui donne à l'art la facilité

d'aider la nature, de la rectifier; enfin de la rappeler aux lois que, dans les années privilégiées, elle s'est imposées, et auxquelles elle déroge dans les mauvaises années. Mais les élémens du moût sont à la disposition de l'œnologie; telle cette désacidification, et l'addition de matière sucrée, qui, seule, fait l'alcohol du vin; ou enfin, au défaut de cette addition, la concentration du moût qui rapproche cette matière sucrée.

Réduction du moût.

Le moût sera réduit du quart au tiers, selon son plus ou moins de richesse; réduction qui aura lieu à la faveur de l'évaporation.

Mais, destiné à être conservé dans cet état, le soufre devient un moyen d'assurer sa conservation.

Toutefois nous reviendrons sur une destination intéressante pour l'économie domestique, savoir : la conversion immédiate en vin de ce même moût concentré.

De la sulfuration ou soufrage.

La sulfuration des tonneaux disposés pour renfermer le moût, ainsi désacidifié et concentré par l'évaporation, se fait par un procédé très-connu, que voici :

On verse un seau de moût dans la pièce, on en humecte bien l'intérieur, après quoi, on y fait brûler une mèche soufrée ; on agite, on roule le tonneau ; on le débouche pour ajouter un ou deux autres seaux, et successivement à trois ou quatre reprises ; on présente définitivement la mèche à l'orifice avant de bondonner.

Alors ce moût est devenu muet, et exactement dérobé à l'action de l'acide atmosphérique ; il se conservera tel, à l'état d'un fluide éminemment sucré.

C'est ce moût auquel nous restituerons la quantité d'eau qu'il aura perdue par l'évaporation, pour le laisser ensuite fermenter, et en obtenir un vin d'excellente qualité.

Mais, avant d'en venir au procédé de concentration, arrêtons-nous à quelques accessoires préalables.

De la richesse du moût et du gleuco-œnomètre.

La réduction du moût est relative à son plus ou moins de richesse, et ce qui la constitue est son plus ou moins de matière sucrée ; dès lors il importe de s'assurer de la proportion qu'il en contient pour régler sa concentration.

Quel va être ce régulateur ? le gleuco-œnomètre (1), dont j'ai conçu l'idée pour pouvoir apprécier rigoureusement la quantité de matière sucrée que le moût contient.

Cette dénomination se compose des mots *gleuco*, moût, *œnos*, vin, *mètre*, mesure.

Du décuvage.

Cet instrument a en outre la destination de fixer irrévocablement l'instant du

____

(1) L'instrument et l'instruction qui l'accompagne se trouvent chez l'ingénieur Chevallier, quai de l'Horloge.

décuvage, point important et jusqu'alors si incertain, livré comme l'était le décuvage à des tâtonnemens et à une dégustation bien hasardeuse. Quel instrument plus infidèle que le palais d'un vieux vigneron, souvent blasé de vin et d'eau-de-vie ; et s'il fume ! Tel était l'oracle du *clos Vougeot*, qu'encore on redoutait de perdre, quand le gleuco-œnomètre vint s'emparer de sa survivance, à la grande satisfaction du propriétaire de ce fameux vignoble. Eh ! combien en Bourgogne, de vieux châtelains, fidèles à leurs vieilles habitudes, et repoussant toutes nouveautés, ne connaissent point cet instrument !

Faisons maintenant l'emploi du gleuco-œnomètre, et interrogeons notre moût récemment exprimé, ce qui se borne à en emplir le tube de verre ou de fer-blanc destiné à cet effet et y plonger l'instrument.

Le gleuco-œnomètre, dans l'eau, se maintient à zéro ; plongé dans le moût, il s'élève à des degrés déterminés, en raison de la richesse du moût, c'est-à-dire, de son plus ou moins de principe sucré.

Dans les petits vignobles et les mauvaises années, c'est environ 6 degrés, et c'est 12 qu'il signale dans les cas contraires ; tandis que, dans les grands vignobles et les bonnes années, il s'élève jusqu'à 18, et quelquefois plus.

Quant à nous, c'est à ces 18 ou 20 degrés de concentration que nous porterons le moût, par l'évaporation ; et ce n'est que de l'eau qui s'évapore, n'entraînant nul autre principe, parce qu'il n'y en a point de volatile dans le moût.

Mais, avant de passer à la concentration du moût, nous avons à parler des fûts destinés à le renfermer.

Des fûts.

La conservation du vin, et, à plus forte raison, celle de notre moût concentré et soufré, dépend de la bonté du fût.

Mais voyons ce qu'est un fût de bois ; les douves de chêne, et les cerceaux de châtaignier.

Or, tout bois est *hygrométrique*, c'est-à-dire, qu'il attire et restitue tour à tour l'humidité dont il se pénètre; ce qui en fait le plus infidèle dépositaire d'un liquide tout à la fois aqueux, alcoholique et salin. En effet, le fût est dans un état alternatif de tourmente, restituant, par un temps de sécheresse, l'humidité dont il s'est pénétré par un temps humide; ce qui nécessite un perpétuel houillage, pour en remplir le vide.

Mais la portion la plus évaporable est l'alcohol, dont le vin s'appauvrit; aussi, pour déguster le vin en tonneau, est-ce au centre qu'on donne le coup de poinçon, car il n'est pas à beaucoup près le même dans la circonférence.

Du peinturage des fûts à l'huile et sable.

Qu'il n'y ait donc plus dans le cellier du propriétaire, et, par suite, dans celui du vigneron, pour tout vin à conserver, que des fûts garnis de cercles de fer, au lieu de cerceaux.

Dès lors plus d'entretien, de réparations, de coulage, enfin de bris de tonneaux.

Mais surtout que ces fûts soient peints à l'huile et sable. Les pipes à eau-de-vie et rhum remplissent parfaitement cet objet. Leur contenance fût-elle de 600 pintes, c'est à une pinte que se réduit le houillage dans le cours de l'année. Le propriétaire n'aura plus à quitter la ville pour aller à sa maison des champs visiter ses celliers.

Que l'économie connaît donc mal ses intérêts, en n'adoptant pas ce moyen d'amélioration et si conservateur, quand, depuis vingt ans, je ne cesse de le lui signaler, d'après une expérience constante.

On conçoit que l'adhérence de la couche de tartre à l'intérieur s'oppose à l'imbibition, et que le peinturage huile et sable en dérobe la surface à l'humidité des celliers et des caves; en sorte que ce fût, cessant d'être hygrométrique, est devenu le meilleur des foudres. Des vérités de cette nature n'exigent pas de développement ; il suffit de leur simple énonciation.

Qu'on n'objecte pas la dépense première, bien facile d'ailleurs à calculer, si nos pipes tiennent lieu de deux ou trois tonneaux, et si elles durent une longue suite d'années sans exiger de réparations ; si enfin le vin *s'y fait* aussi bien qu'en bouteille, parce qu'il est dérobé à ces alternatives de fermentation, que les changemens de saison et de température lui font éprouver dans les tonneaux.

Le vin mousseux de Champagne serait plus rarement en défaut, et tromperait dès-lors moins les spéculations des propriétaires, s'ils consentaient à suivre le conseil que je leur ai donné dans mon instruction sur le baromètre, applicable à l'économie rurale. (A Paris, chez Chevallier.)

DU VIN CUIT.

Nous allons indiquer une destination particulière à notre moût concentré ;

c'est sa conversion immédiate en *vin cuit*. L'économie domestique doit applaudir à cette digression, dont l'objet va être de procurer à la maîtresse de maison l'agrément de servir sur sa table des vins égaux en bonté à ces vins étrangers si renommés et si chers, quand ceux qu'elle va préparer avec notre moût concentré ne lui auront coûté que de légers soins.

Que sont ces vins étrangers ? Ils proviennent des contrées méridionales, où le raisin parvient à une extrême maturité ; ce qui fait la richesse de leur moût et leur spirituosité.

Souvent même on favorise la quantité de matière sucrée par la lente dessiccation du raisin ; ce qui diminue son aquosité : c'est une concentration opérée par l'action du soleil, au lieu de l'être par la chaleur artificielle ; tel est le vin de Malaga.

Mais dans les pays du Nord, dans le Haut-Rhin, à Colmar, n'est-on pas également parvenu à obtenir d'un raisin tout ordinaire ce *vin de paille* qui, si on en soutirait l'acide malique, deviendrait égal au *vin de Tokai*. Et comment amène-t-on le vin de paille à ce degré de bonté, et à une valeur de douze ou quinze francs la bouteille? C'est en tenant le raisin suspendu, pendant cinq ou six mois, à l'air, où il perd moitié et plus de son poids, c'est-à-dire, de son eau évaporable; ce qui concentre le principe sucré. Ce nom de vin de paille vient de ce que la dessiccation avait lieu en étendant le raisin sur un lit de paille; moyen qui, tout en exigeant beaucoup de surveillance, avait beaucoup d'inconvéniens.

Or, ce qui se fait dans le Haut-Rhin peut, à plus forte raison, se faire dans tous les vignobles de France, où l'on obtiendra des vins au moins égaux en qualité à celui *de paille*.

Mais qu'on affuble le flacon d'une toute autre étiquette que de celle de *vin cuit*, de même qu'au café le beau sucre de betterave est qualifié sucre de canne;

car, dans nos salons même, la science ne parvient pas toujours à pouvoir capituler avec les préjugés, estimant exclusivement ce qui vient de loin et surtout de l'étranger. Toutefois il serait difficile de donner à ce vin le nom de *vin anglais*; car, à Londres, il ne s'en fait que de falsifié; mais, ici, ce n'est pas falsification, c'est un meilleur emploi que l'art fait des matériaux dont la nature compose le vin, et qu'elle emploie si mal en Brie et à Surenne, où il est possible cependant de faire du bon vin. En effet, ces métamorphoses ne sont plus aujourd'hui qu'un jeu pour l'œnologie; et combien n'a-t-elle pas déjà converti de propriétaires libéraux dans nos vignobles! Car, ainsi que la politique, la science a aussi ses libéraux, qui savent quitter l'ornière de la routine, et c'est à cela que l'économie doit ses progrès actuels.

De la confection du vin cuit.

Le moût marquant, après être réfroidi, de 18 à 20 degrés au gleuco-œnomètre, va être soumis à la fermentation.

On le déposera, à cet effet, dans de grandes cruches de grès, et, par préférence, dans des bouteilles de verre de la contenance de 40 à 45 pintes (1).

Une cuillerée d'huile d'olive recouvrira la surface du moût ; un ou deux pouces de vide suffisent dans le col de la bouteille, qu'on recouvrira d'une toile ou d'un papier percé de trous, et seulement pour garantir de la poussière : on dépose les vaisseaux dans un étage supérieur. Il s'y établira une fermentation douce et plus ou moins lente, d'après la température. La dégustation en indiquera le terme ; alors soutirez le vin

---

(1) Les faïenciers tiennent des bouteilles de cette capacité, destinées à contenir des acides minéraux. Elles sont solidement ajustées et empaillées dans des paniers d'osier, ce qui les rend faciles à manier et à garantir des accidens de cassure. Leur prix est de 6 francs. Maison d'Acloque, au Palais.

avec précaution , pour l'obtenir dans toute sa limpidité (1).

D'un procédé plus expéditif.

Au lieu d'attendre quinze ou dix-huit mois notre vin , ainsi abandonné à lui-même , comme s'attend également *le vin de paille* , recourons à un procédé bien plus expéditif , et obtenons-le dans le même jour.

Quel est le but de la fermentation ? c'est de convertir en alcohol la matière sucrée du raisin , et , si elle y est surabondante, de laisser subsister, comme *sucrante* , la portion qui n'a pu s'alcoholiser. Tels sont plusieurs vins de liqueur, et entre autres le vin muscat , à la fois spiritueux et sucré.

Appliquons ces principes à notre moût ; et , au lieu de laisser convertir si lentement la portion de matière sucrée desti-

---

(1) Pour éviter de soulever le dépôt, il faut recourir au siphon de verre, ou à l'appareil ingénieux de M. Jullien, pour le transvasement des vins qui ont déposé. Rue Saint-Sauveur, n°. 18.

née à former son alcohol, évitons-lui le temps de cette conversion, portons lui l'alcohol tout fait, car c'est un produit identique de quelque substance qu'on l'obtienne.

Dès lors la proportion sera du cinquième au quart, en bonne eau-de-vie; c'est au goût à prononcer. Du reste, telle est à peu près la proportion d'alcohol que donnent les vins généreux.

Prévenons cette objection, bien excusable pour tout autre qu'un chimiste, *mais ce n'est plus un vin naturel!*

Considère-t-on comme vins naturels ceux du clos Vougeot et de Surenne, ceux de Tokai et de paille; enfin, les vins de Malaga et de Constance ? Oui, sans doute.

Cependant quelle différence dans la proportion des sept principes qui composent ces vins divers : ce sont les sept notes dont les combinaisons différentes font une musique ou harmonieuse ou discordante.

Quel prix l'art n'ajoute-t-il pas aux productions que la nature offre à l'homme : prenons pour exemple les métaux, que sont-ils dans leur gangue? la plupart, minéralisés par le soufre, par l'arsenic, etc., sont privés de malléabilité et de ductilité. Eh bien! quand la métallurgie leur a rendu ces propriétés qu'ils ne tiennent pas de la nature, cessent-ils pour cela d'être naturels? Non; il en est ainsi de nos vins, qui, plus savoureux, plus généreux, plus conservables, deviennent infiniment plus salutaires.

Citons ce fait-ci : visitant un des hôpitaux de la Belgique, je goûtai le vin; il avait la saveur du vinaigre; l'acide malique y était à nu. C'est donc là le vin, dis-je au préfet, M. le baron de la Doucette, qu'on donne à des malades! — Que faire? me répondit il. — *Le désacidifier* : et l'expérience s'en fit, en sa présence, au moyen de la saturation de cet acide, et le vin fut, à l'instant, potable. Dix années de conservation n'eussent pas produit cet effet instantané obtenu par deux pincées de craie. Que de vérités perdues ! c'est le bon grain qu'étouffe l'ivraie de la routine, de l'ignorance et de l'indifférence pour ses semblables.

De la vinification du moût désacidifié, concentré et soufré.

Il va suffire de remplacer par l'addition d'eau la quantité de celle que le moût a perdue par l'évaporation, ce que réglera le gleuco-œnomètre. Plus on laissera au moût de degrés pondérables, plus le vin sera spiritueux ; or, douze degrés remplissent cet objet pour les vins d'ordinaire.

C'est dans les tonneaux qu'on laissera isolément s'opérer la fermentation, car il ne s'agit plus de cuve.

On conçoit que le moût, n'ayant pas cuvé avec son œne, ce vin sera blanc, et d'autant plus que l'acide sulfureux aura contribué à le décolorer. La fermentation sera plus lente que celle d'un moût récent.

DU BOUQUET DES VINS.

Beaucoup de vins ont *le goût de ter-*

roir; celui qui va résulter de notre moût en serait exempt, parce que l'évaporation l'aura dissipé, ou que la concentration l'aura combiné de manière à le rendre immobile.

Quelques vins ont du *bouquet*, arome qu'on définirait mal ; souvent il est plus prononcé, et *tels* ceux de framboise, de violette, mais principalement de muscat (même dans les vins qui ne proviennent pas de cette nature de raisin), c'est surtout la désacidification qui y développe ce bouquet.

Dès - lors rien de plus facile que de donner aux vins ces divers aromes ; mais ce doit être avec la plus grande parcimonie.

Plein un **dé** à coudre d'iris de Florence pulvérisé suffit pour donner à cent pintes de vin l'odeur de la violette, et autant de fleurs de sureau sèche lui donne le bouquet de muscat ; une poignée de sommités de pêcher parfume une cuve de douze pièces. Enfin ces atomes de substances odorantes, ces riens influent beaucoup, et font d'agréables bouquets , s'ils ne sont pas trop prononcés.

APPAREILS ÉVAPORATOIRES.

Le terme prochain de la vendange ne donnerait pas le temps de faire exécuter le nouvel appareil (1), aussi simple qu'ingénieux, destiné à favoriser la concentration des matières sucrées, tenues en dissolution dans un grand volume de liquide. Mais l'économie se trouve être constamment en défaut au moment du besoin. Survient-il une disette? dans les temps d'abondance, on ne s'était

____

(1) Cet appareil est établi à Chaillot, dans la manufacture de M. Charles-de-Rosne, qui a beaucoup contribué à la perfection des arts nouveaux dont l'économie est redevable à la chimie, et dont les laboratoires offrent l'exécution de ces mêmes procédés, dans la confidence desquels il admet tous ceux qui ont intérêt à les mettre en pratique. *Dans le bon vieux temps*, la science n'était pas, à beaucoup près, aussi communicative ; ses secrets devenaient des substitutions dans les familles.

pas occupé des moyens de parer à ce fléau (1).

Au moins, cette année-ci, pourra-t-on

---

(1) C'est ce qui a eu lieu lors de la dernière famine, où les 99/100es. du parenchyme de la pomme de terre consommée comme auxiliaire des céréales, ont été délaissés; quand, depuis 15 ans, j'avais signalé ce produit, éminemment nutritif, et *donnant*, réduit à l'état de farine, *en pain, le tiers en sus de son poids*; quand c'est un quart seulement que rendent les céréales : mais il faudra vraisemblablement encore une famine, pour qu'administration et administrés s'entendent sur l'adoption de ce bienfait alimentaire.

Ajoutons que, d'après une expérience faite en présence des autorités ministérielle, préfecturale, municipale et scientifique de la capi'ale, *la livre d'un excellent pain, dont ce parenchyme forme le tiers, revient au plus à un sou ;* qu'enfin, *détenus dans les dépôts et prisonniers consentiraient à manger de ce pain, dont il a été servi sur la table de Sa Majesté.* Et c'est la première fois peut-être que de pareilles agapes auront eu lieu. Voici donc un bon à-compte sur le régime alimentaire des prisonniers, que déjà, sous le règne de Louis XVI, j'étais parvenu à alimenter d'excellent pain !

se familiariser avec les résultats que nous annonçons , pour y recourir dans des années également abondantes; mais ce ne sera pas le vigneron qui arrivera le premier au rendez-vous, en fait d'améliorations. Cet adage : *Faire comme ont fait nos pères* , se retrouve surtout au village.

Ce sera donc le propriétaire libéral, ayant l'amour de la science, et surtout le désir de la répandre dans son domaine, pour la plus grande utilité de ses semblables; ce sera ce propriétaire qui fera , le premier, l'application de nos procédés.

DU SIROP DE RAISIN.

Le sirop et le sucre de raisin étaient le résultat de cette concentration du moût désacidifié. Veut-on réduire ce moût en sirop ? Il se conserve parfaitement dans cet état, pour l'employer, dans des années subséquentes, à enrichir un moût pauvre en matière sucrée, et obtenir , par ce moyen, un vin très-généreux : c'est économie de sucre.

Du sirop de pommes.

Multiplions les matières sucrées, autant pour l'œnologie que pour les usages domestiques. Si le sucre, anciennement objet de luxe, est devenu, de nos jours, objet de nécessités premières, que les classes populaires puissent aussi participer, en raison de son bas prix, à la matière sucrée de la pomme, réduite également à l'état du sirop par la concentration de son moût (1).

---

(1) Ce sirop, beaucoup plus agréable au goût que ne l'est celui de raisin, est aussi applicable à beaucoup plus d'usages. Je l'indiquai comme devant tenir lieu, pour la préparation de compotes et même des ratafiats domestiques, de cassonades inférieures et souvent alors falsifiées, ainsi que de mélasse, miel, toutes matières sucrées, dont la cherté était en proportion de celle du sucre; enfin je l'indiquai comme devant être admis, dans les hôpitaux, pour quelques préparations pharmaceutiques, où il pouvait l'être en place de sucre, qui y devenait privation en raison de son prix. Le jury qui a prononcé sur cette matière sucrée, succédanée, se composait du ministre de l'intérieur,

Le mode de concentration est le même pour les moûts de raisin et de pommes. Il consiste tout simplement en une plaque de cuivre très-mince, de deux ou trois pieds de diamètre, sur cinq ou six de longueur, ayant un bord relevé d'un pouce.

Cette plaque inclinée sur un bain de vapeur et vivement chauffée, on y laisse couler lentement le moût, pour arriver, plus ou moins concentré, à une rigole ménagée à l'extrémité, et destinée à le

---

M. Cretet, qui nous avait réuni à Auteuil, Fourcroy, Vauquelin, Proust, à qui était due l'initiative sur le sucre de raisin, Foucques et moi, pour aviser aux procédés à indiquer. Or, la liqueur servie ce jour-là avait pour base le sirop de pomme en place de sucre. Le ministre seul était dans ma confidence; et le jury prononça que cette liqueur pouvait se présenter sur la table d'un ministre. Que ce soit, en passant, un avis pour les propriétaires de pommeraies. J'ajoute que c'est à quatre sous que revient la livre de ce sirop, et à six la livre de très-bonne gelée, état auquel on l'amène par six degrés de plus de concentration.

recevoir. La concentration portée à environ 20 degrés, on retire ce moût pour en mettre de nouveau. Douze ou quinze heures suffiraient pour concentrer, à 20 degrés, une pièce de suc de pomme contenant 240 pintes.

Observons que toute évaporation n'a lieu qu'à la surface du liquide ; et rien de plus nuisible que la profondeur des vaisseaux, tels qu'un chaudron ou une bassine creuse ; aussi, en la concentrant de la sorte, il y a altération de la matière sucrée ; elle se colore et prend de l'âcreté.

L'évaporation ne doit pas être une coction ; dès lors notre concentration, rapide et tout en surface, diffère peu de celle qui aurait lieu par le moyen d'un courant d'air on de la chaleur du soleil : mode préférable à tout autre ; ce qui suppose un climat chaud et des vases plats multipliés.

Mais enfin, au défaut de tout autre appareil, qu'on évapore, puisque ce ne peut être cette année-ci qu'un essai, dans des vaisseaux très-évasés, et l'on aura pu juger des résultats sur une ou deux pièces; ce sera s'être précautionné pour l'avenir, et on ne se décide à faire, au besoin, qu'autant qu'on n'a point à hésiter.

Ces résultats, qui sont tous justifiés par une longue expérience, justifieront l'épigraphe : *L'art commence où la nature s'arrête;* et il faut avouer que, par de mauvaises années, elle s'arrête souvent en beau chemin, quand il s'agit de nos grands vignobles. Mais c'est surtout dans ces vignobles si inférieurs, et dont le vin est même trop aigre pour pouvoir se convertir en vinaigre, que l'art triomphe de la nature, en la rappelant à l'accomplissement des lois qu'elle venait d'enfreindre.

Voici le dernier tribut, et je l'acquitte avec empressement, que l'économie œnologique avait à réclamer de mon zèle pour cet art, dont Chaptal m'a ouvert la carrière.

F I N.